Achsensymmetrische Formen am Geobrett erzeugen und zeichnen (Mathematik, Klasse 1)

Bibliografische Information der Deutschen Nationalbibliothek:

Die Deutsche Nationalbibliothek verzeichnet diese Publikation in der Deutschen Nationalbibliografie; detaillierte bibliografische Daten sind im Internet über http://dnb.d-nb.de abrufbar.

ISBN: 9783346782137
Dieses Buch ist auch als E-Book erhältlich.

© GRIN Publishing GmbH
Nymphenburger Straße 86
80636 München

Druck und Bindung: Books on Demand GmbH, Norderstedt Germany
Gedruckt auf säurefreiem Papier aus verantwortungsvollen Quellen

Das vorliegende Werk wurde sorgfältig erarbeitet. Dennoch übernehmen Autoren und Verlag für die Richtigkeit von Angaben, Hinweisen, Links und Ratschlägen sowie eventuelle Druckfehler keine Haftung.

Das Buch bei GRIN: https://www.grin.com/document/1306769

Unterrichtsentwurf

anlässlich eines zweiten Unterrichtsbesuchs für die dienstliche Beurteilung zum Ende der Probezeit

im Fach Mathematik

Datum: 21.4.2021

Zeit: 8.00 Uhr- 8.45 Uhr

Klasse: 1 (Gruppe B, 10 SuS, 5 m / 5 w)

Ort: Klassenraum der 1

Thema der Unterrichtssequenz: Achsensymmetrie

Thema der Unterrichtsstunde: Achsensymmetrische Formen am Geobrett erzeugen und zeichnen

I Stundenentwurf

Stundenbezogene Charakterisierung der Lerngruppe

Die Gruppe A der Klasse 1 ist eine lernwillige und leistungsfähige Lerngruppe. Die Kinder können sich bereits über einen längeren Zeitraum hinweg gut konzentrieren und haben erste Hemmungen, sich aktiv zu beteiligen und auch Fragen zu stellen, abgelegt. Dabei werden die Gesprächsregeln zumeist eingehalten.

Die für diese Stunde relevanten Lernvoraussetzungen der Gruppe lassen sich wie folgt zusammenfassen: Die Kinder haben bereits mit dem Lineal vorgegebene Punkte verbunden, Formen frei Hand nachgezeichnet und diese dabei verkleinert und vergrößert. Das Thema „Symmetrie" wurde anhand von Verschiebungen bereits aufgegriffen. Verdopplungen wurden mit dem Spiegel erzeugt und in die Arithmetik durch Verdopplungsaufgaben übersetzt.

Einordnung der Stunde in den Unterrichtszusammenhang

Die Unterrichtssequenz befasst sich mit „Achsensymmetrie", da diese in vielen Bereichen unseres Lebens von Bedeutung ist. Symmetrie sorgt für Stabilität, Funktionalität und Ästhetik in der Biologie (Aufbau des Körpers bei Mensch und Tier, Aufbau der Pflanzen), in der Technik (Aufbau eines Hauses, einer Brücke, eines Maschinenteils) sowie in der Kunst[1]. Die Erzeugung symmetrischer Figuren erhält zu Beginn der Sequenz besondere Bedeutung mit der Annahme, dass das Erkennen symmetrischer Figuren im weiteren Verlauf leichter geschieht.

Unterrichtseinheit	Thema
1	Herstellung achsensymmetrischer Formen durch Falten und Schneiden (fachübergreifend in Kunst)
2	Geobrett I: Einführung - Erfundene und vorgegebene Figuren spannen und zeichnen
3	**Geobrett II: Achsensymmetrische Formen am Geobrett spannen und zeichnen**
4	Geobrett III: Die Lage von Symmetrieachsen mit einem Spiegel bestimmen
5	Figuren zeichnerisch achsensymmetrisch ergänzen
6	Achsensymmetrie ?- Vermuten und überprüfen - Spiegeln
7	Vermischte Übungen

Die gezeigte Stunde ist als dritte Stunde der Sequenz noch relativ zu Beginn verortet. In dieser Stunde befasst sich die Lerngruppe mit dem Erzeugen achsensymmetrischer Figuren am Geobrett sowie dem Übertragen derselben in eine zeichnerische Darstellung. Es werden die Begrifflichkeiten „symmetrisch" und „Symmetrieachse" wiederholt, die in der ersten Stunde neu eingeführt und handelnd erfahrbar gemacht wurden.

---

[1] Vgl. Franke/ Reinhold: Didaktik der Geometrie in der Grundschule, 3. Aufl., Heidelberg, 2016, S.257-S.258

Angestrebter Kompetenzzuwachs

Erwartete inhaltsbezogene Kompetenz am Ende des 2. Schuljahres:

„Die Schülerinnen und Schüler [...] stellen einfache achsensymmetrische Figuren durch Falten, Legen und Zeichnen her."[2]

Erwartete prozessbezogene Kompetenz am Ende des 2. Schuljahres:

„Die Schülerinnen und Schüler übertragen eine mathematische Darstellung in eine andere."[3]

Im schulinternen Arbeitsplan wird das Thema „Symmetrie" ebenso im Zeitraum zwischen den Oster- und Sommerferien angesiedelt und als verbindliches Thema aufgeführt. Hier heißt es, es sollen „[s]ymmetrische Figuren kennen[ge]lernt und her[ge]stell[t]" werden.

Angestrebter Lernzuwachs in der gezeigten Stunde:

Die SuS[4] erzeugen achsensymmetrische Formen am Geobrett und übertragen diese zeichnerisch.

Daraus ergibt sich im Einzelnen:

- Die SuS spannen eine vorgegebene Form auf dem Geobrett nach.
- Die SuS erzeugen ebenso am Geobrett das jeweilige Spiegelbild zu der vorgegebenen Form.
- Die SuS übertragen die achsensymmetrische Form zeichnerisch auf ihr Arbeitsblatt.

Stundenbezogene didaktische Überlegungen und Entscheidungen

Die SuS streben Symmetrie von sich aus als für sie wichtiges Element in Bildern an, da diese als „besonders schön empfunden" wird.[5] Neben dem ästhetischen Aspekt haben die Kinder bereits im Vorschulalter elementare Erfahrung mit der Funktion von Symmetrie gesammelt, auch wenn dies noch meist unreflektiert geschehen und vornehmlich auf die räumliche Wahrnehmung ihrer Umwelt begrenzt ist.[6] Das Bauen eines Turms oder einer Mauer und den Einsturz derselben erklären sie intuitiv mit dem schiefen Aufbau. Das bewusste Erzeugen symmetrischer Formen in der Ebene ist eine wichtige Übung, um Symmetrie im Raum erkennen, begreifen und beschreiben zu können. Die Übung, „halbe" Formen zu achsensymmetrischen Formen zu ergänzen, fördert die Vorstellungskraft und stellt ebenso eine wichtige Voraussetzung dar, um über Symmetrie und allgemein Geometrie kommunizieren zu können.

---

[2] Kerncurriculum für die Grundschule, Niedersachsen, 2017, S.34
[3] Ebd., S.24
[4] Im weiteren Verlauf soll „SuS" die Abkürzung für „Schülerinnen und Schüler" darstellen.
[5] Franke/ Reinhold: Didaktik der Geometrie in der Grundschule, 3. Aufl., Heidelberg, 2016, S. 259
[6] Ebd., S.258

Neben der Tatsache, dass in der zukünftigen Schulausbildung der SuS die Symmetrie immer wieder aufgegriffen und weiter ausdifferenziert wird, hat die Erfassung dieser grundlegenden geometrischen Erkenntnis auch Bedeutung für das kreative, künstlerische und handwerkliche Tun. Das Bauen von funktionalen Werkstücken wie beispielsweise einem Hocker oder einer Tür setzt Kenntnisse zur Symmetrie voraus. Das Werkstück kann von Vornherein symmetrisch geplant und umgesetzt werden. Auch beim Zusammenbauen von „fertigen" Möbeln ist immer wieder Symmetrieverständnis gefragt, indem zum Beispiel gleiche Teile gefunden werden müssen, um diese sinnhaft im Möbelstück zu platzieren.

Durch Falten und Schneiden wurden erste Zugänge zur Symmetrie bei den SuS geschaffen und erste Begrifflichkeiten eingeführt. Hiernach bietet es sich an, den Kindern weitere handelnde Möglichkeiten für den Erwerb des Symmetriebegriffs anzubieten, was in der gezeigten Stunde aufgegriffen wird. Obschon erste symmetrische Formen aus dem Alltag in der ersten Stunde der Einheit eine Rolle spielen, soll der Transfer auf räumliche Gebilde erst nach der Einheit erfolgen, wenn die SuS bereits Gelegenheit hatten, Formen auf Symmetrie durch Finden einer Spiegelachse zu überprüfen.

Stundenbezogene methodische Überlegungen und Entscheidungen

Während die einzelnen methodisch- didaktischen Begründungen im Stundenverlauf aufgeführt sind, nutze ich dieses Kapitel, um meine allgemein methodische Entscheidung, ein 5x5 Geobrett zu nutzen, zu begründen, sowie um die Hinführung zum Thema genauer darzustellen und zu begründen.

Die Verwendung des Geobrettes anhand dieses Themas ist eine grundlegende methodische Entscheidung. Das Geobrett ist ein mathematisches Hilfsmittel, mit dem sich viele geometrische Inhalte über die Achsensymmetrie hinaus sehr gut erfahrbar machen lassen. Beispielhaft seien hier folgende Themen aufgeführt: Orientierung auf der Ebene, Beschreibung von Wegen, Winkelgrößen, geometrische Formen, Orthogonalität, Parallelität, Flächeninhalte und Umfang. Das Geobrett kann demnach auch weiterführend in der Grundschule eingesetzt werden. Das Instrument ermöglicht einen handelnden Zugang sowie einen Transfer auf die Bildebene (E-I-S- Prinzip), so dass auch prozessorientierte Kompetenzen hiermit verfolgt werden können. Die Korrektur eines falsch gespannten Gummibands ist schnell möglich, so dass auch bei Fehlern die Motivation nicht oder kaum sinkt. Ich habe mich für das 5x5 Geobrett entschieden, weil auf diese Weise die Symmetrieachse mittig liegen kann und zusätzlich bereits recht komplexe Formen gespannt werden können. Auch wird das 5x5 Geobrett im Lehrwerk der Kinder aufgeführt. Transparente Geobretter ermöglichen Differenzierung durch Unterlegen einer originalgroßen Form sowie dessen achsensymmetrischer Lösung. Ergebnisse können auf diese Weise schnell nachgespannt werden, wenn diese nicht selbst gefunden wurden.

In der Hinführung zum Thema nehme ich bewusst die Arbeit von vor zwei Tagen auf, um die SuS an ihre Tätigkeit (Falten und Schneiden) zu erinnern und dort anzuknüpfen. Das kindliche Streben nach Ästhetik greife ich bewusst durch meine Eingangsfrage auf. Ich nehme an, dass sie wissen und beschreiben können, weshalb eine achsensymmetrische Form „schön" ist. Die Wiederholung der Begrifflichkeiten „symmetrisch" und „Symmetrieachse" soll die

Kommunikation der SuS untereinander, aber auch mit mir, im weiteren Verlauf der Stunde erleichtern. Die Kinder sind es gewohnt, dass sie eine erste Übung auf einem Arbeitsblatt mit mir lösen und besprechen als auch die Möglichkeit bekommen, hierzu Fragen zu stellen. Ich möchte mit dem gemeinsamen Vorgehen Sicherheit bei unsicheren Kindern schaffen. Das Verständnis der schwächeren SuS kann ich gegebenenfalls gezielt an dieser Stelle überprüfen, um Problemen in der Praxisphase vorzubeugen. Auf die Besprechung zum Umgang mit den Lösungsfolien und den Wendekärtchen verzichte ich bewusst, um einerseits die Länge der Hinführung abzukürzen und weil die meisten SuS die Wendekärtchen meines Erachtens nach nicht benötigen werden.

III Anhang

Verlaufsplanung

Uhrzeit	Unterrichtssequenz	Lehrer-Schüler-Interaktion	Didaktisch - methodischer Kommentar	Arbeits- und Sozialform sowie Medien
8.00-8.15	Begrüßung und Hinführung	Begrüßung (fester Bewegungsablauf) und Vorstellung des Besuchs LK deutet auf die am Montag gebastelten achsensymmetrischen Figuren und sagt: **„Du hast Montag so schöne Formen gebastelt. Kannst du mir sagen, was so schön an den Formen ist?"** LK erwartet Antwort wie z.B. „beide Seiten sind gleich/ sehen gleich aus". LK würdigt die Antwort und nimmt sich eine Form und sagt: **„Dies sind die beiden Seiten der Form. In der Mitte ist die Faltlinie. Wer weiß denn noch, wie diese Linie genau heißt?"** SuS geben die Antwort oder LK erinnern an den Begriff. **„Heute ist die Symmetrieachse ganz wichtig, denn wir wollen solche schönen, gleichmäßigen Formen am Geobrett spannen."** LK zeigt am Geobrett die erste Aufgabenstellung. Ein Schüler oder eine Schülerin soll die erste Figur nachspannen. Das rote Gummiband ist dabei die Spiegellinie. **„Wer spannt die andere *Hälfte der Figur?"*** Ein Schüler oder Schülerin spannt: die andere Hälfte der Figur. LK lobt und fragt, wer mit dem Lineal die andere Hälfte auf dem AB einzeichnen kann. Ein Schüler oder Schülerin zeichnet die andere Hälfte der Figur auf das AB. Das zweite Beispiel lässt LK nur noch spannen. LK fragt: **„Wer hat dazu noch eine Frage?"** LK geht ggf. auf die Fragen ein bzw. bietet diesem Kind Hilfestellung während der Praxisphase an.	Fragestellung zielt auf das ästhetische Empfinden der SuS ab und führt somit direkt zum Thema. Nach dem Zeigen der Form Wenn die SuS sich nicht mehr an den Begriff erinnern sollten, wird dieser mündlich wiederholt: „Symmetrieachse" Die SuS sollen nun mit der konkreten Aufgabenstellung konfrontiert werden. Die erste Übung soll gemeinsam vollständig erfolgen. Im zweiten Beispiel geht LK genau auf den Abstand der Punkte zur Spiegelachse ein, der ja auf beiden Seiten der gleiche sein muss.	Frontales Unterrichtsgespräch Gebastelte Formen Beamer, Dokumentenkamera, Geobrett (Spiegelachse schon eingefügt), Gummibänder, Arbeitsblatt, Lineal, Buntstifte
8.15-8.35	Praxis	SuS erhalten das AB, das Geobrett und die Gummibänder und erzeugen hiermit achsensymmetrische Formen durch Nachspannen einer vorgegebenen Form und Spiegelung an der Achse. Die SuS zeichnen die achsensymmetrischen Formen ein. LK unterstützt in dieser Zeit und gibt ggf. Hilfestellung und teilt ggf. differenziertes Material aus.	Einzelarbeit findet aufgrund der Hygienebestimmungen statt. Sonst wäre dies in Partnerarbeit erfolgt. **Differenzierung I** (AB 1) für schwächere Schüler wie X. und Y.: Laminierte Wendekärtchen zum Unterlegen in Originalgröße. Diese	Einzelarbeit Geobretter (Spiegelachse ist schon eingefügt), Gummibänder, Arbeitsblatt 1, 2 und 3

Zeit	Phase	Beschreibung		Material
		Einige Zeit nutzt die LK, um Qualität der Aufgaben mit Lösungsfolien zurückzumelden.	werden nur bei durch LK festgestelltem Bedarf eingesetzt. **Differenzierung II** für schnelle SuS: AB 2 (Lage der Symmetrieachse horizontal und diagonal)	Laminierte Wendekärtchen, Lösungsfolie für AB 1, Lösungsfolie für AB 2, ggf. Differenzierung I und Differenzierung I Teil 2
8.35-8.45	Reflexion und Verabschiedung	LK lobt und greift eventuelle Schwierigkeiten aus der Praxisphase auf. Wenn sich keine oder zu geringe Schwierigkeiten ergeben haben sollten, fordert LK mit einer letzten schwierigen Aufgabe heraus und lässt diese eventuell von mehreren SuS am Beamer zeigen.	Mögliche Schwierigkeiten könnten sich bei folgenden Arbeiten ergeben haben: Ikonische Abbildung auf enaktive übertragen, enaktiv symmetrisch ergänzen, enaktive Ebene auf ikonische zurück übertragen, Handhabung des Lineals, diagonale Symmetrieachsenlage. Eine fordernde Aufgabe zum Abschluss dieser Stunde könnte eine achsensymmetrische Form mit diagonaler Symmetrieachse sein.	Unterrichtsgespräch, Dokumentenkamera, Beamer, Arbeitsblätter aus der Praxisphase, ggf. Buntstifte und Lineal.

Name: _____	Datum: _____	AB 1

Achsensymmetrische Formen am Geobrett spannen und zeichnen

Name: _____	Datum: _____	AB 1

Achsensymmetrische Formen am Geobrett spannen und zeichnen

Name: _____	Datum: _____	AB 2

Achsensymmetrische Formen am Geobrett spannen und zeichnen

Name: _____	Datum: _____	AB 2

Achsensymmetrische Formen am Geobrett spannen und zeichnen

| Name: _____ | Datum: _____ | AB 3 |

Erfinde achsensymmetrische Formen selbst!

Zeichne zuerst deine Spiegelachse ein!

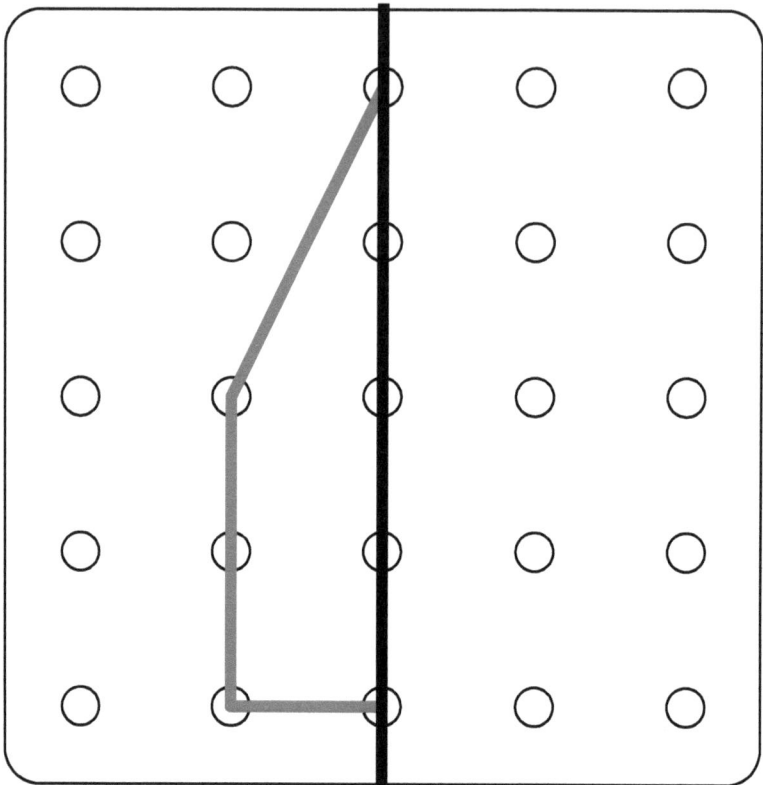

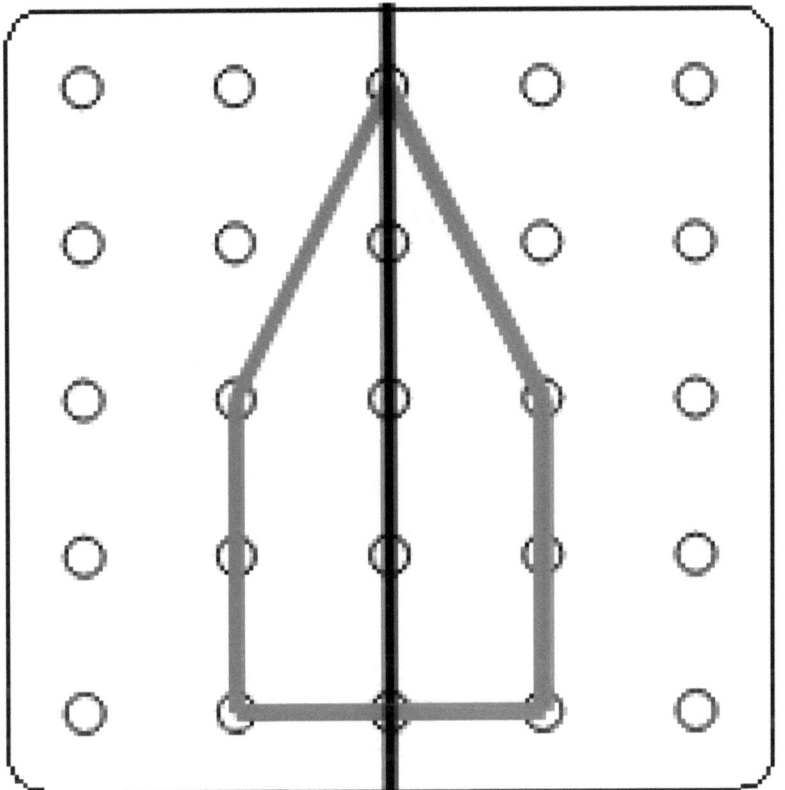

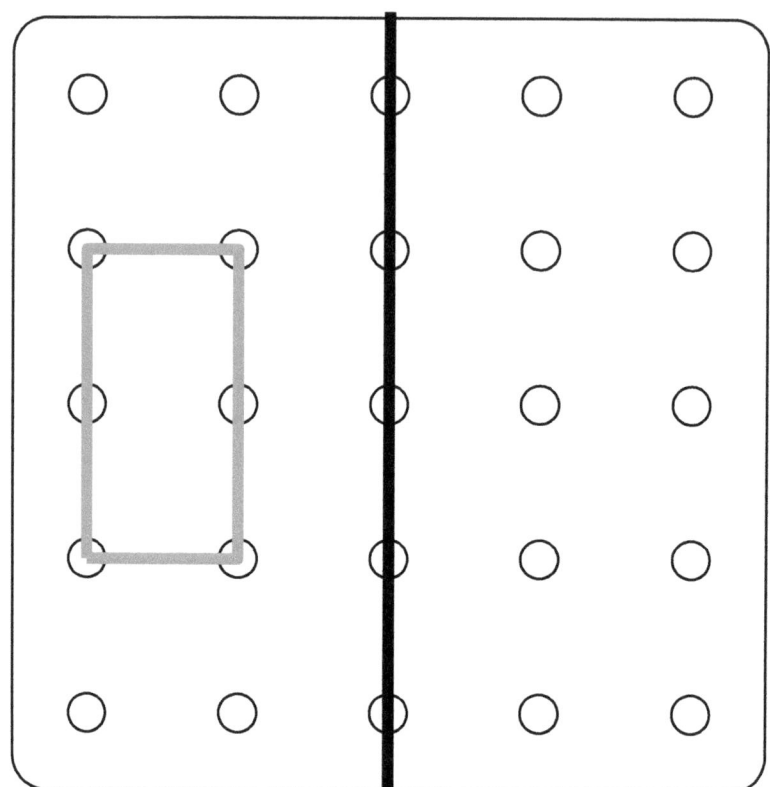

AB 1- Form 2 Lösung

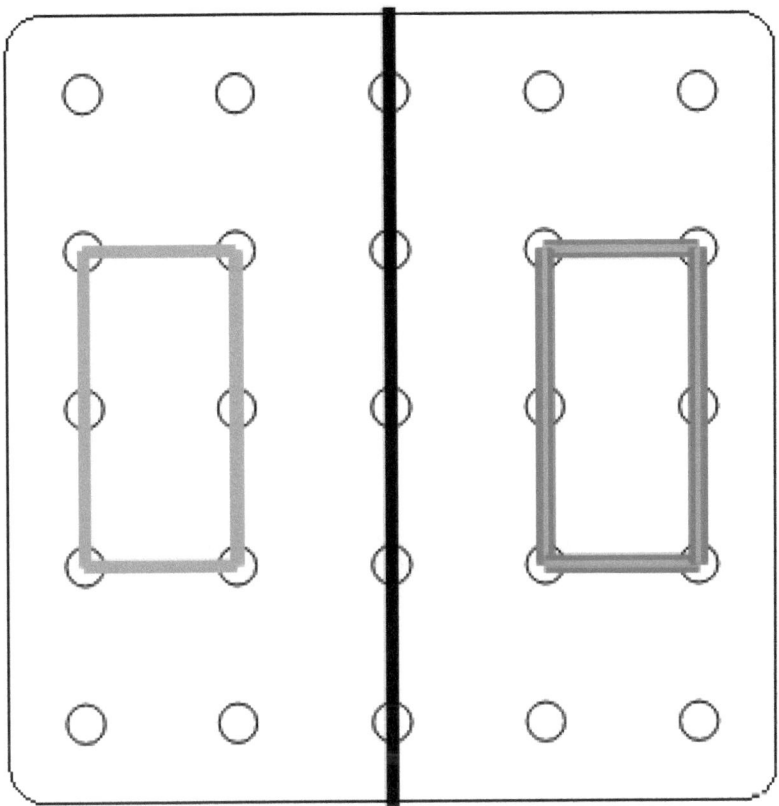

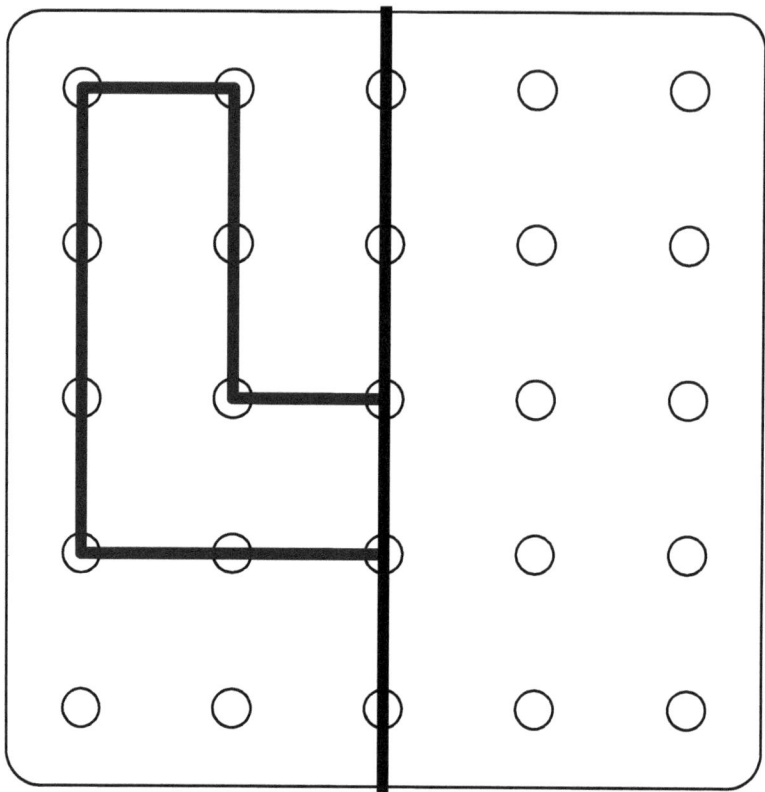

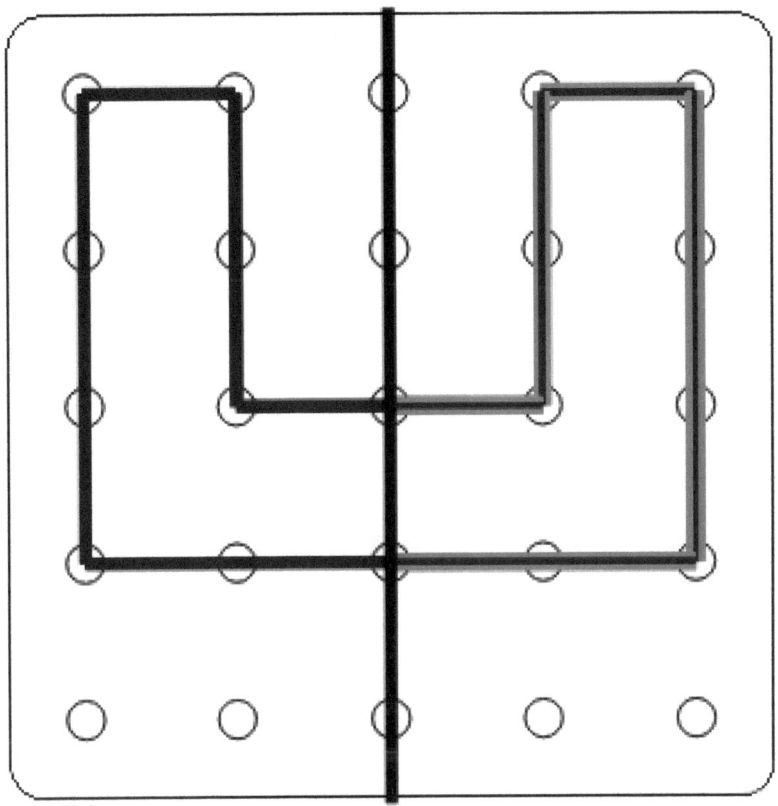

18

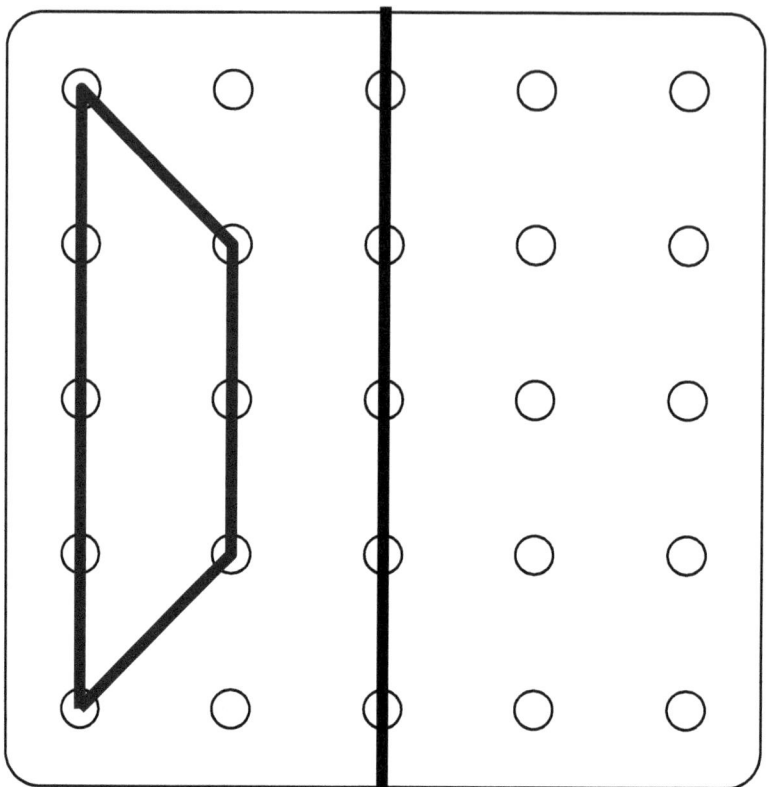

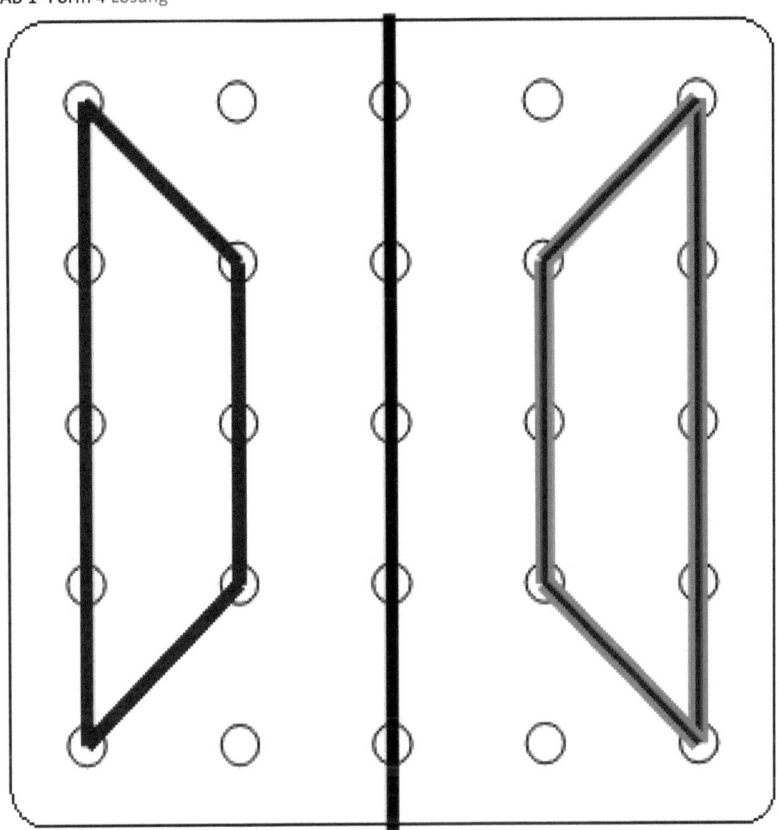

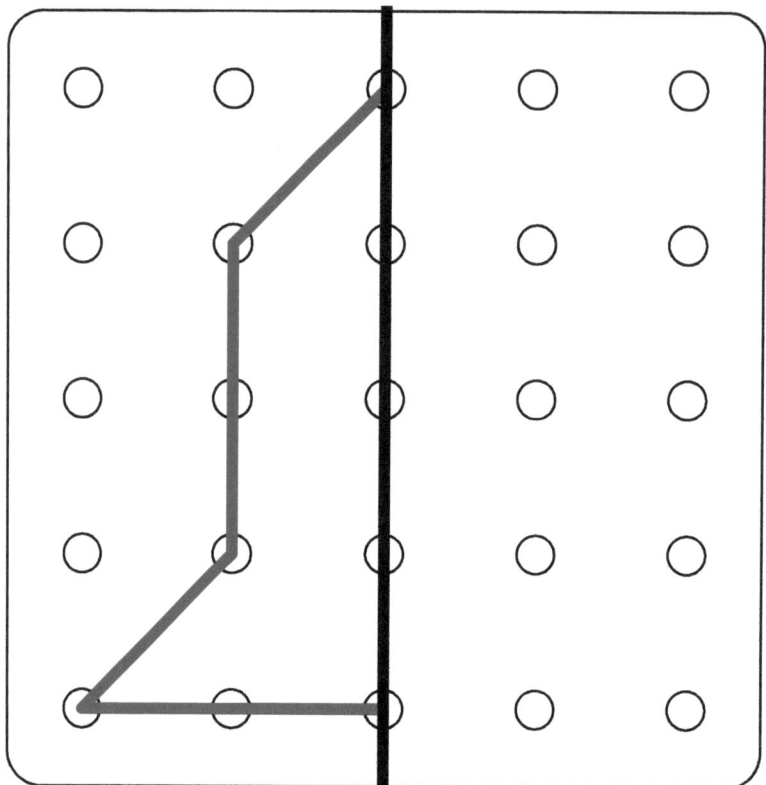

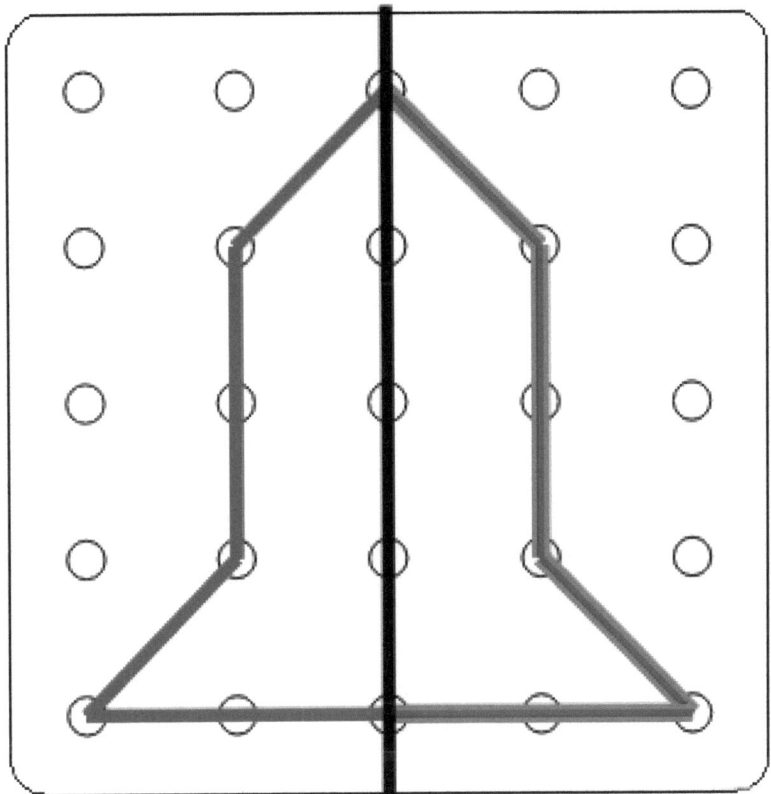

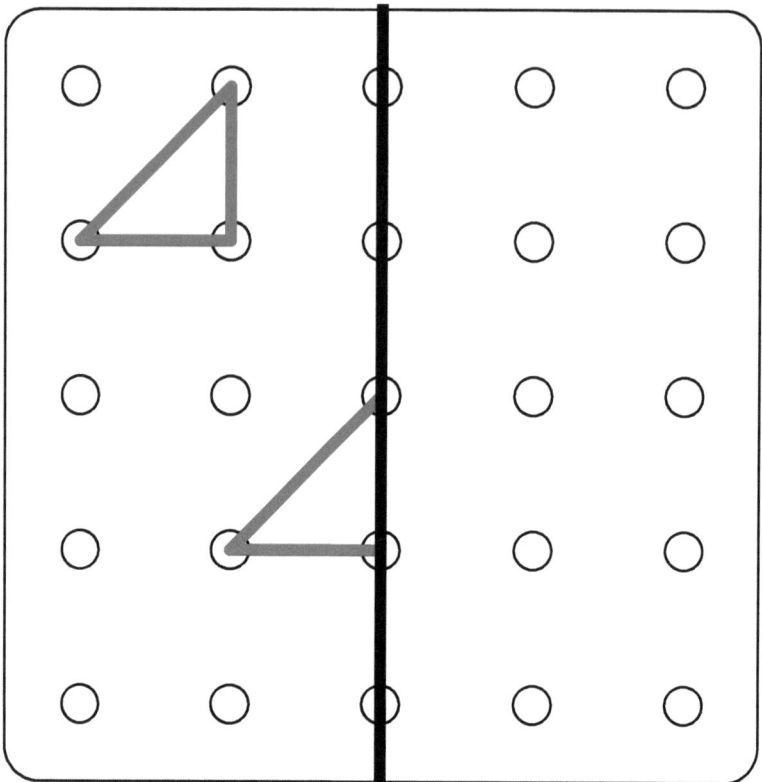

AB 1- Form 6 Lösung

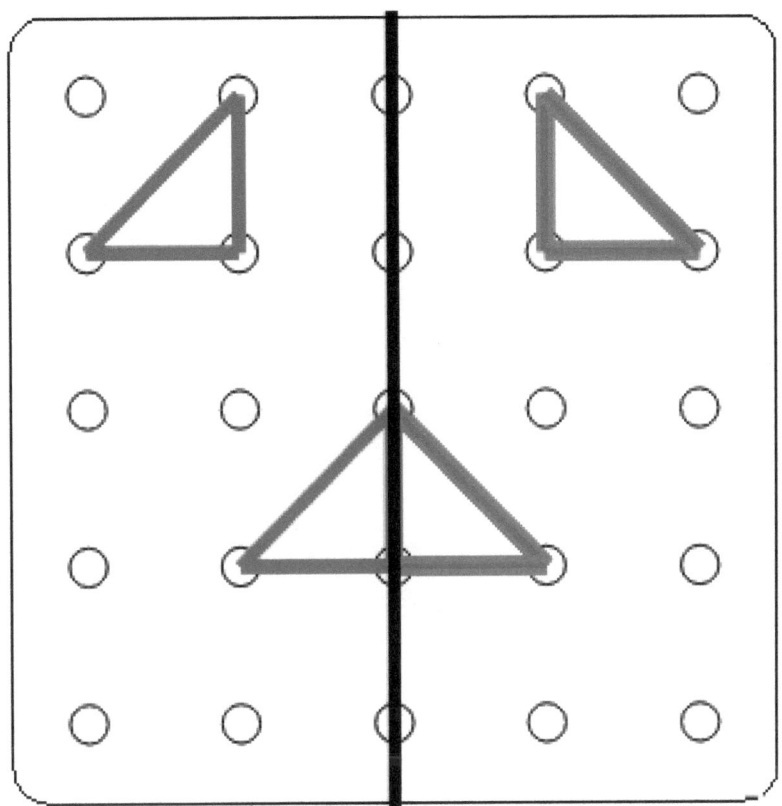

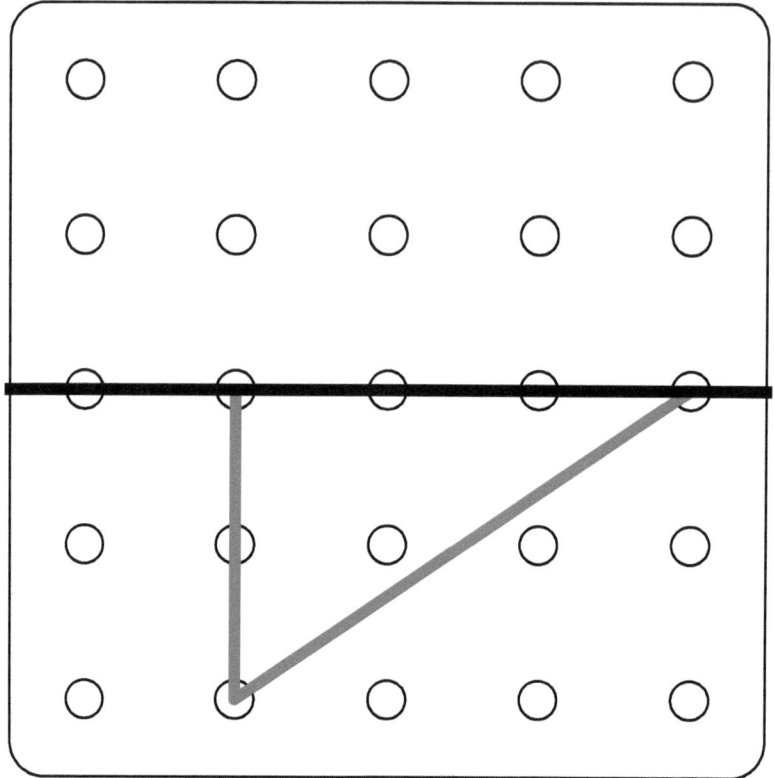

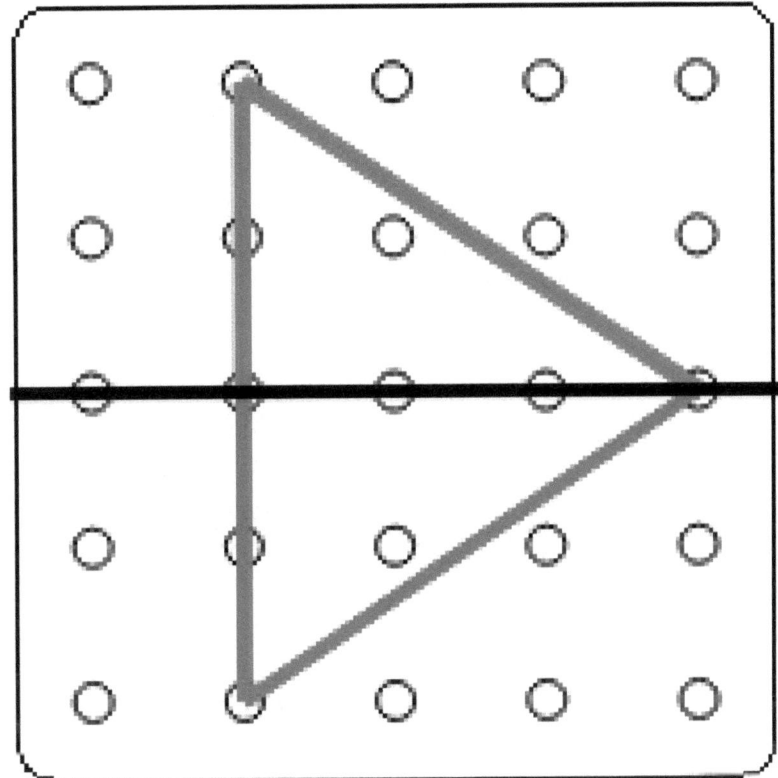

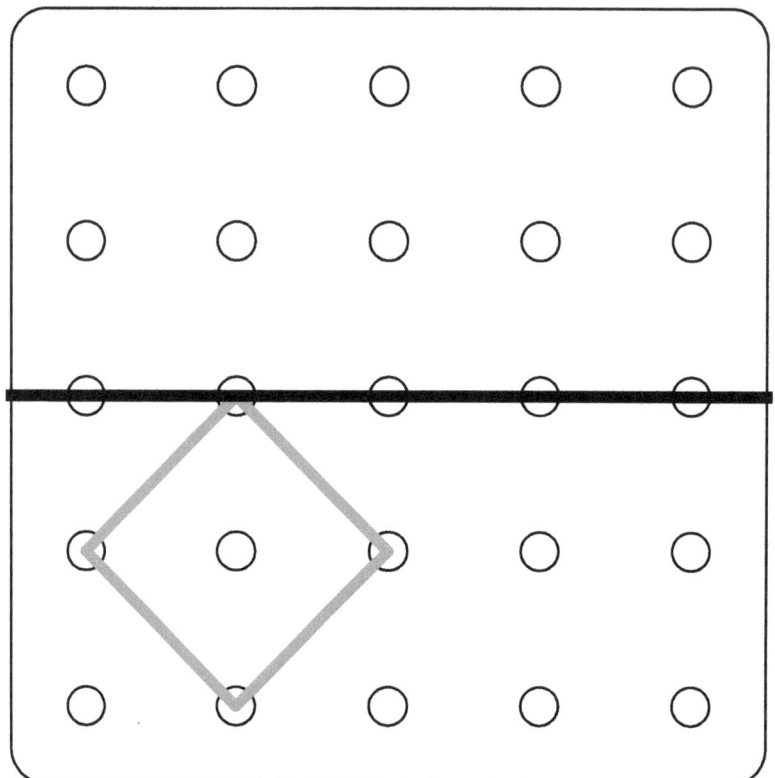

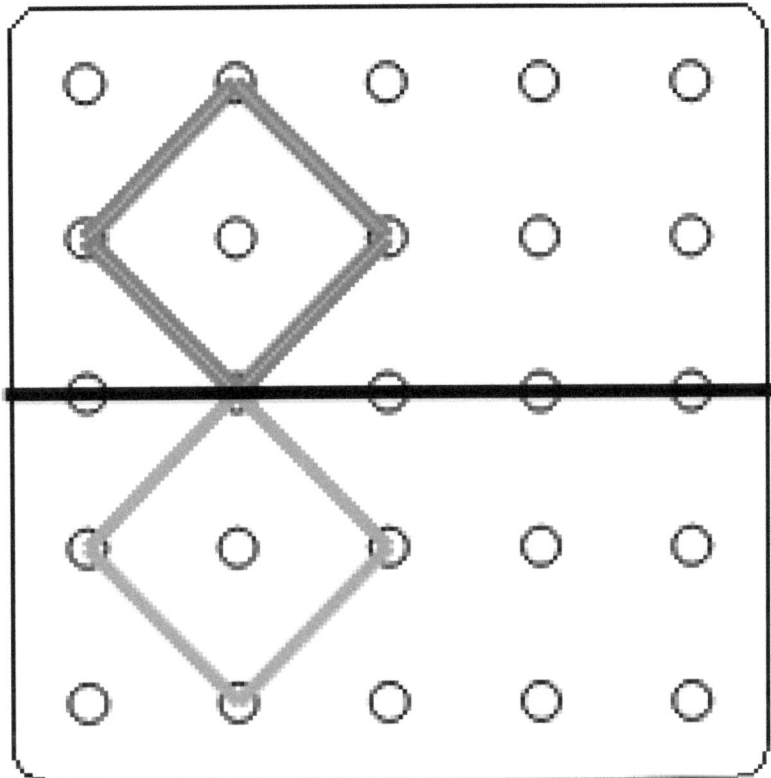

AB 2- Form 3

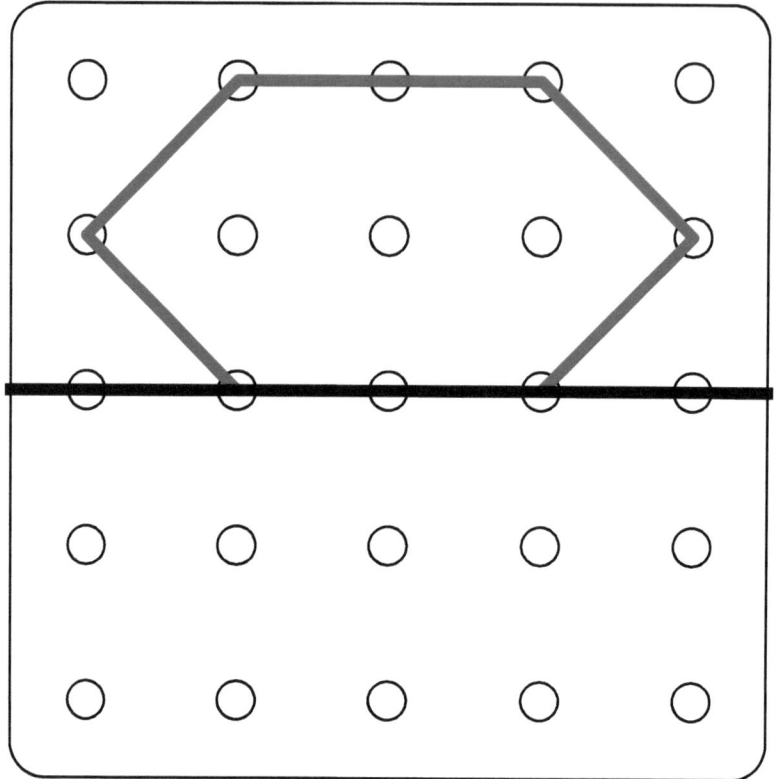

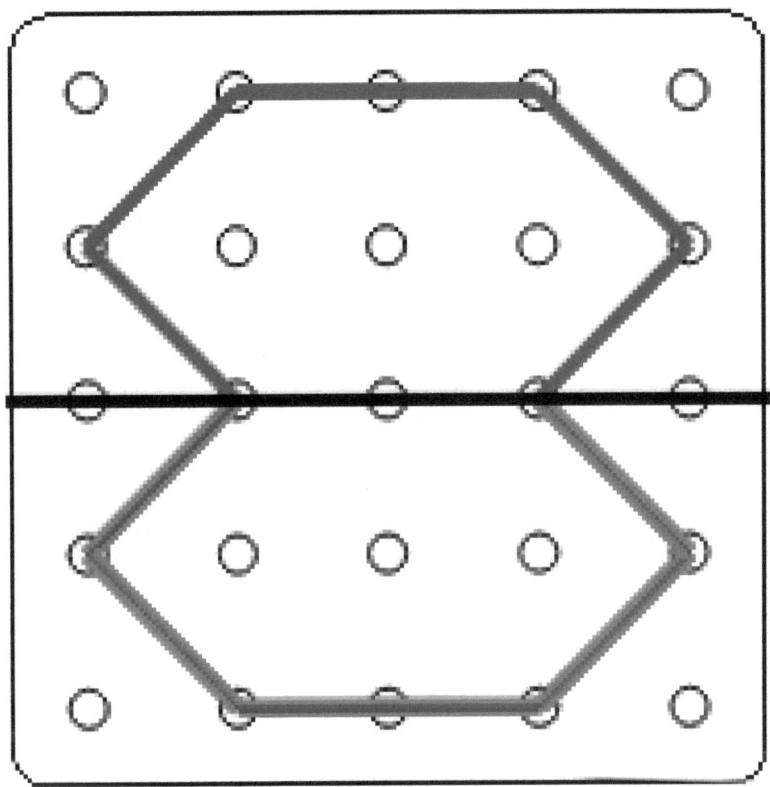

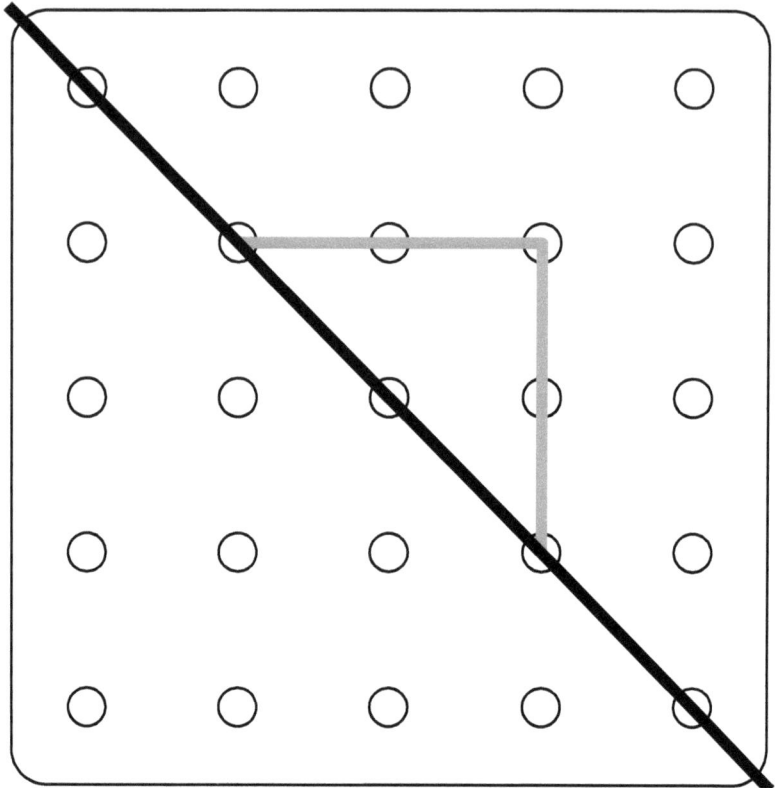

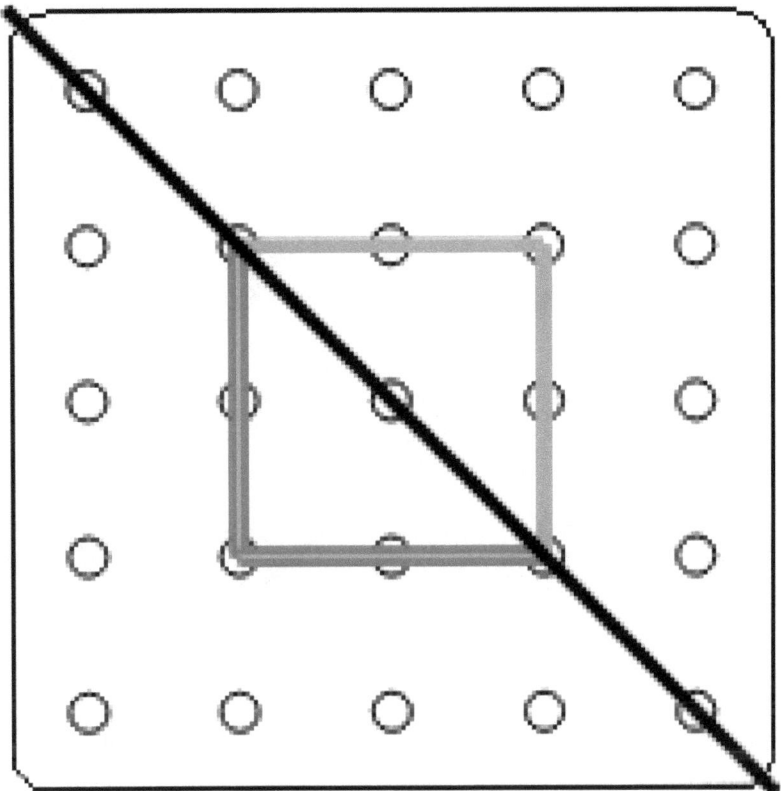

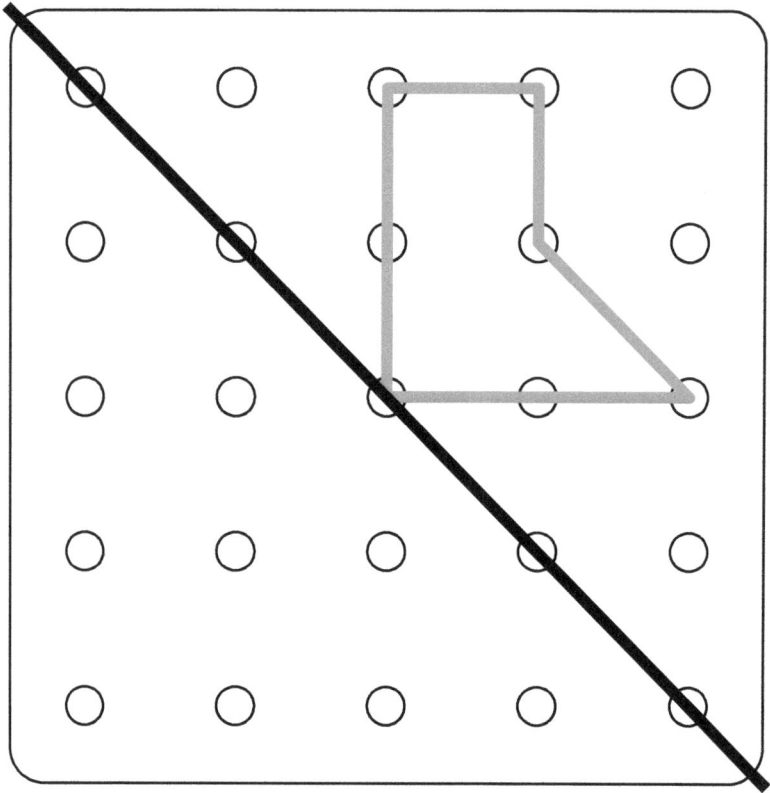

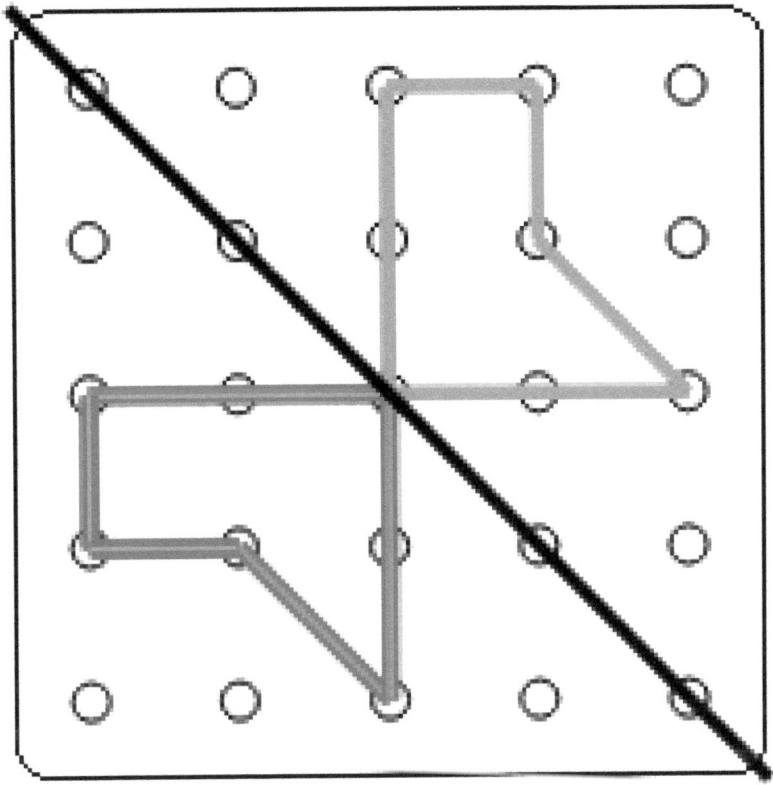

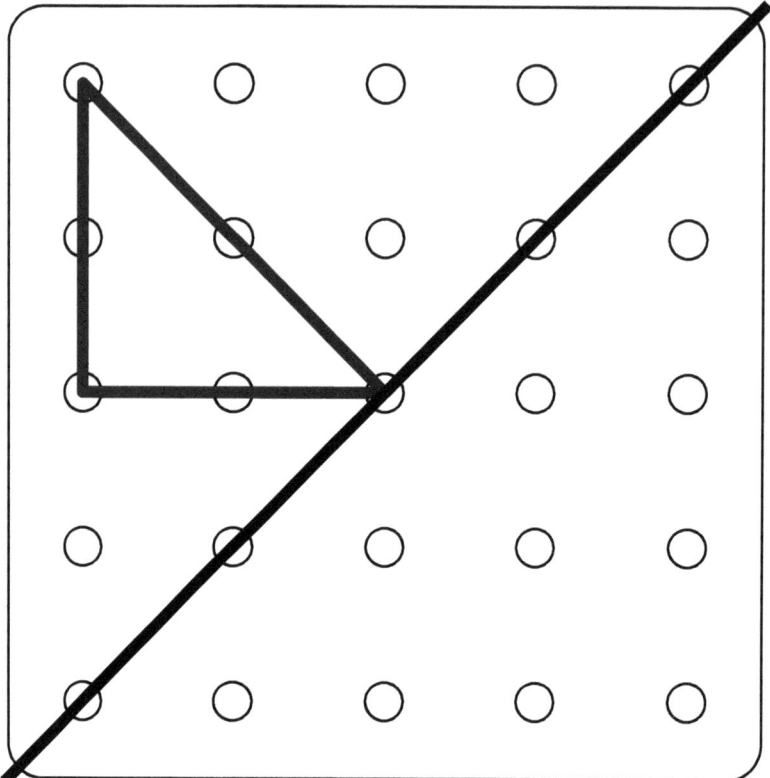

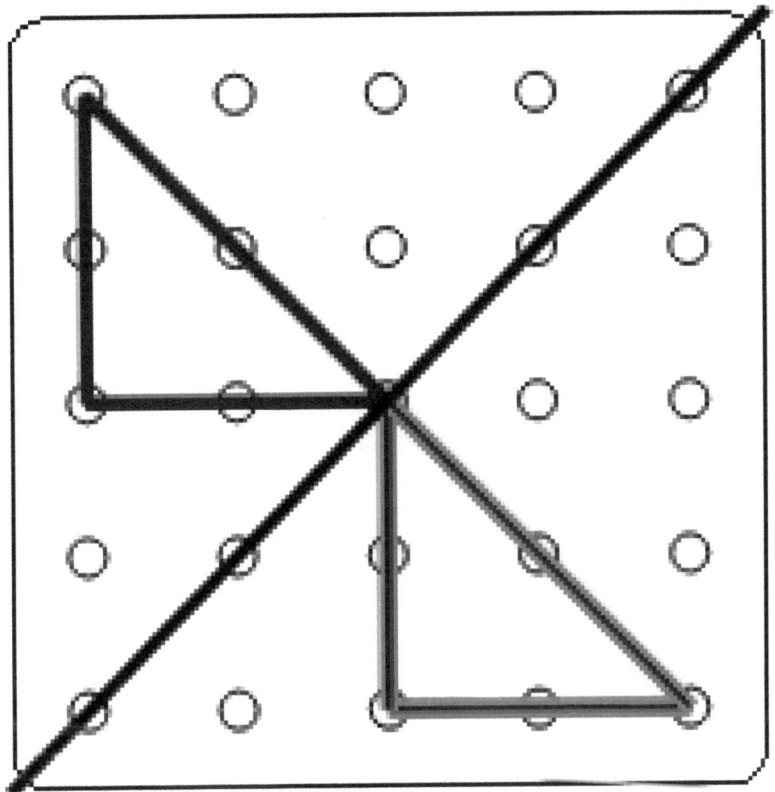

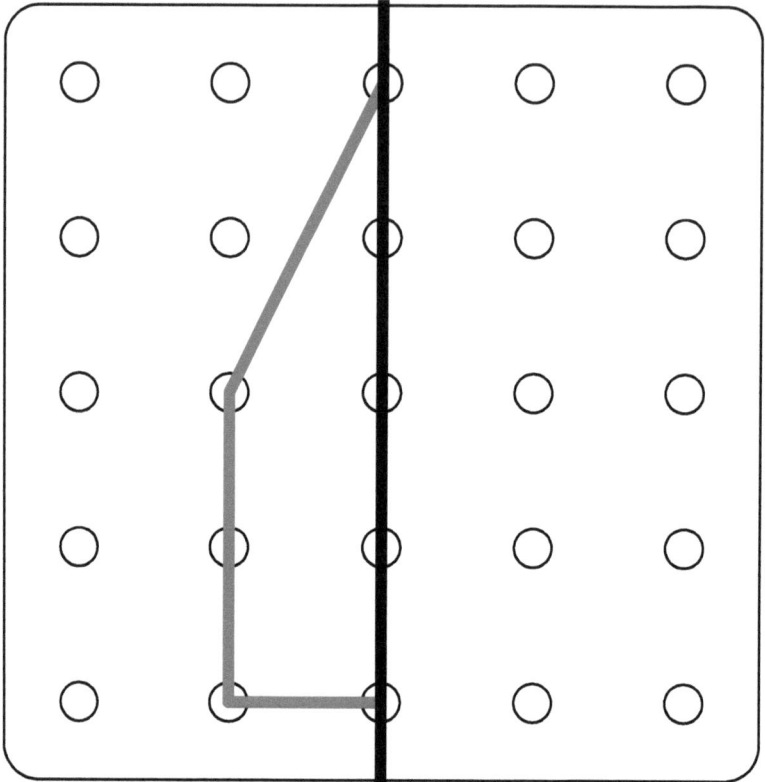

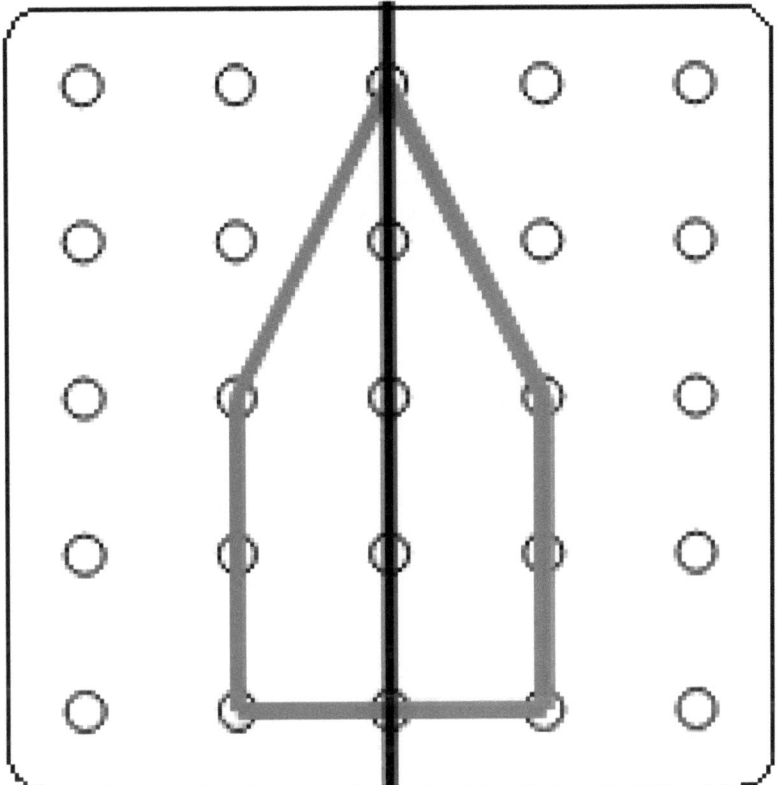

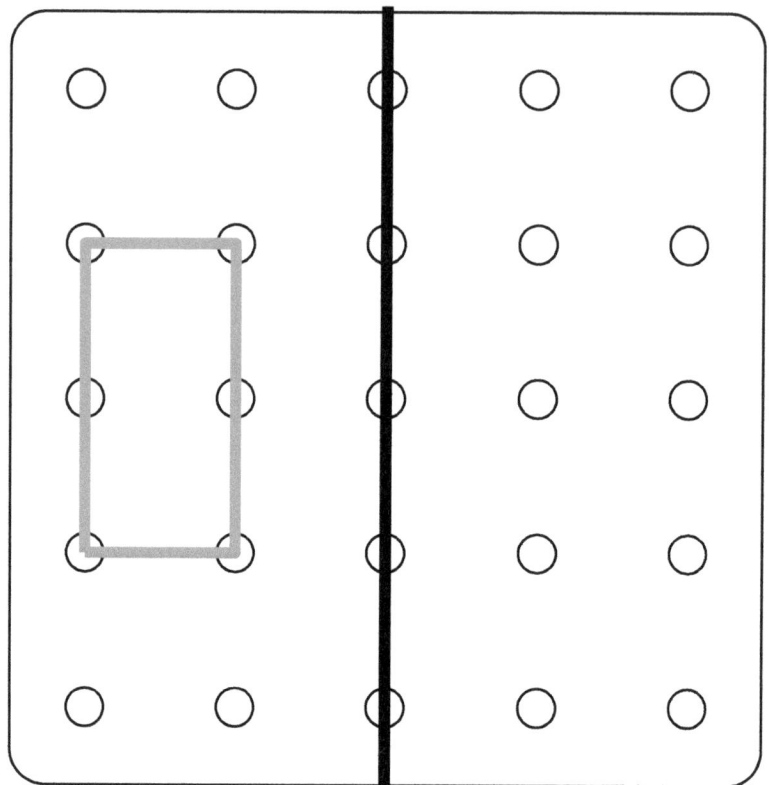

AB 1- Form 2 Lösung

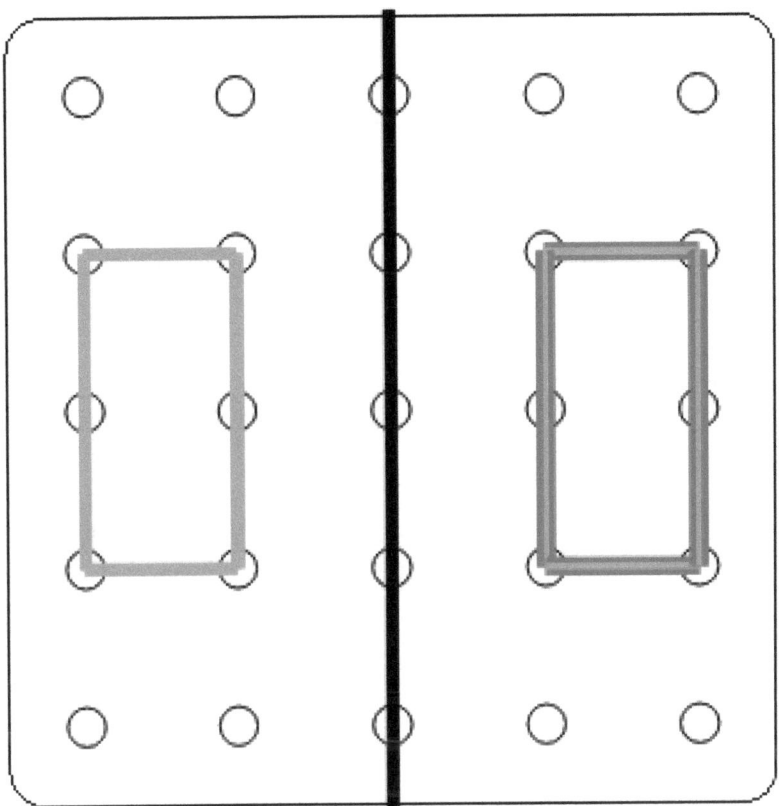

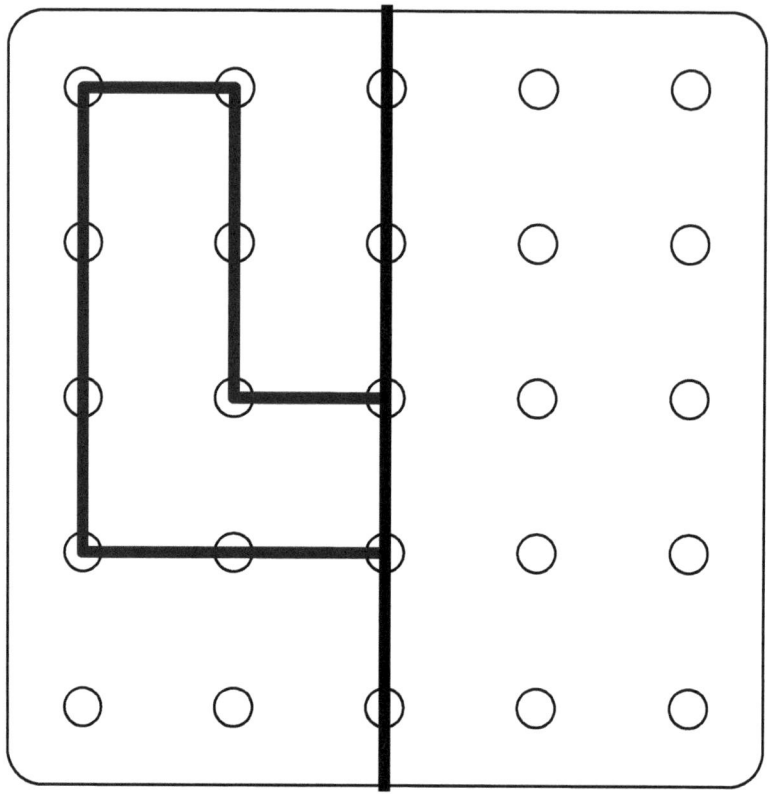

AB 1- Form 3 Lösung

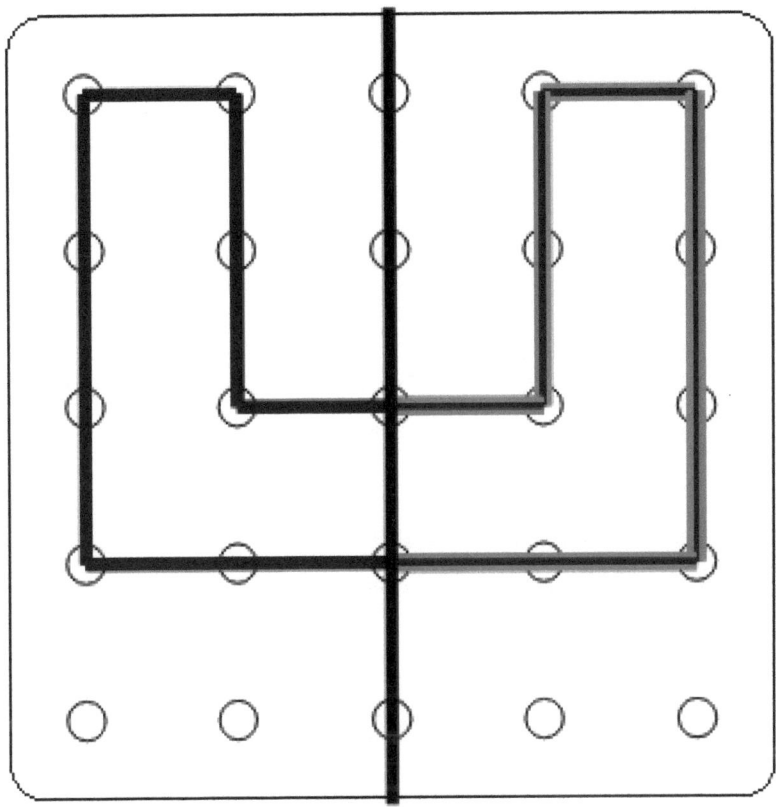

AB 1- Form 4

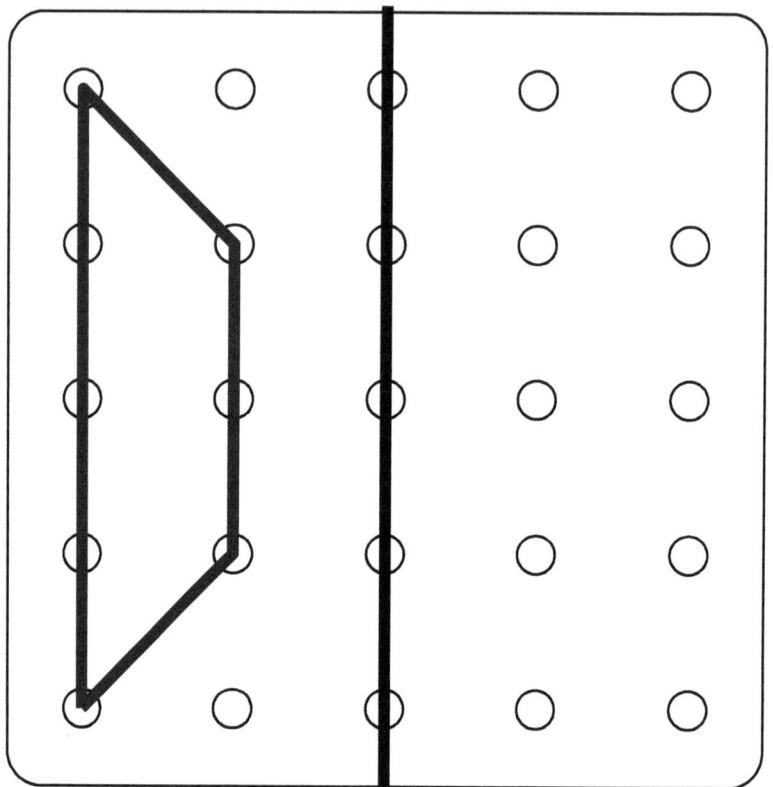

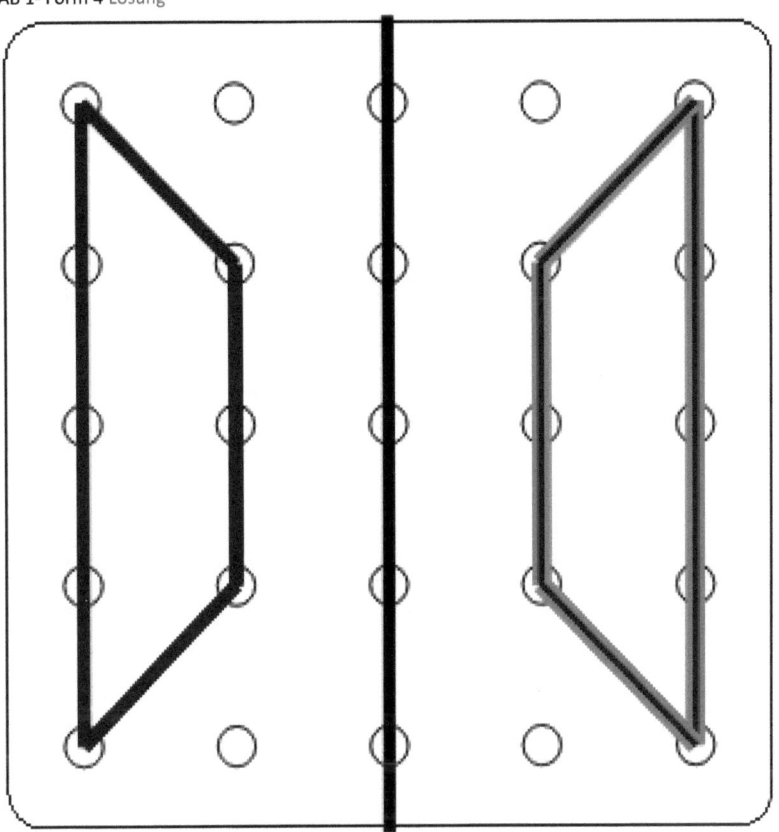

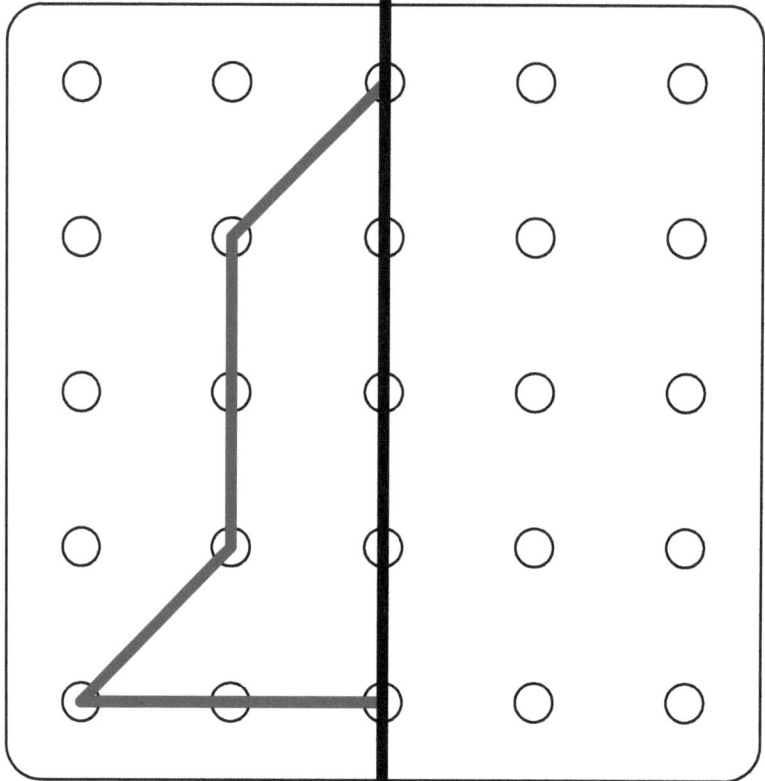

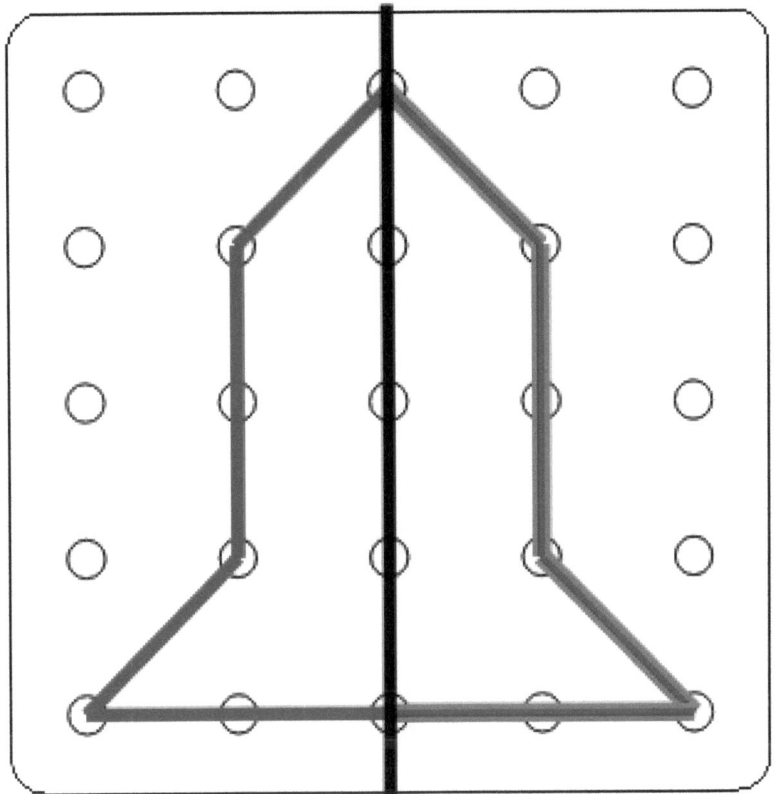

AB 1- Form 6

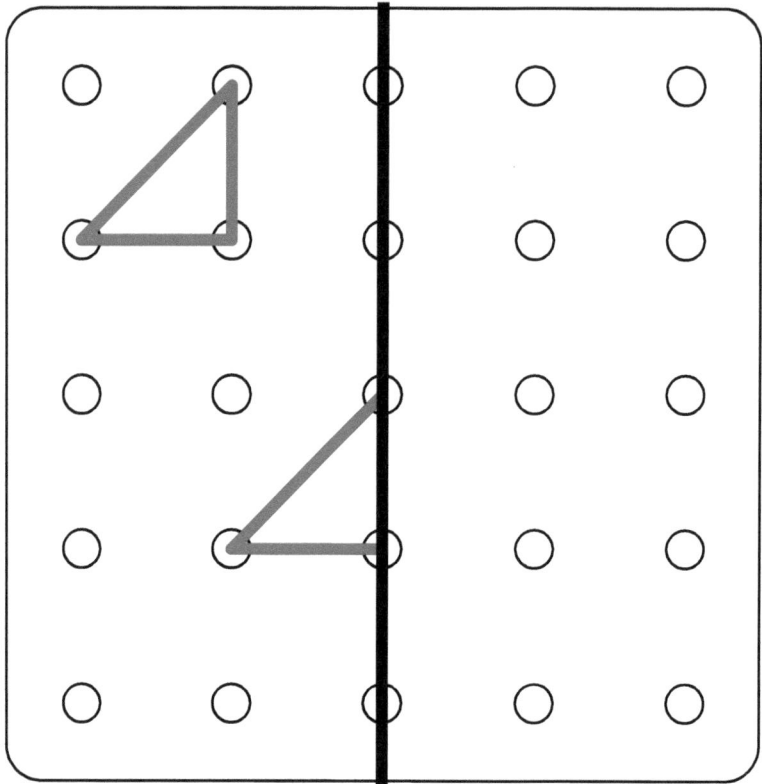

47

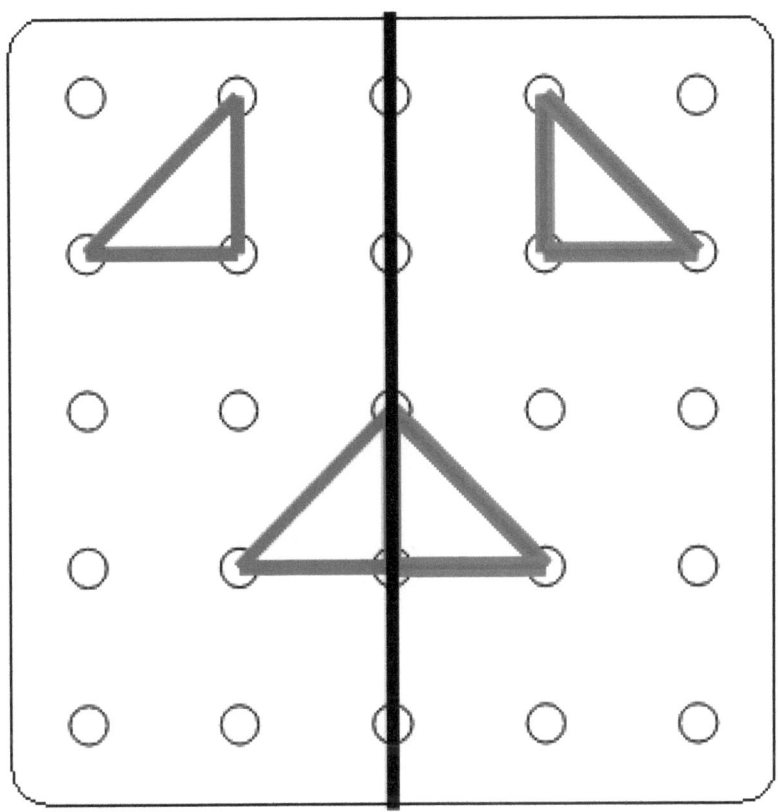

AB 2- Form 1

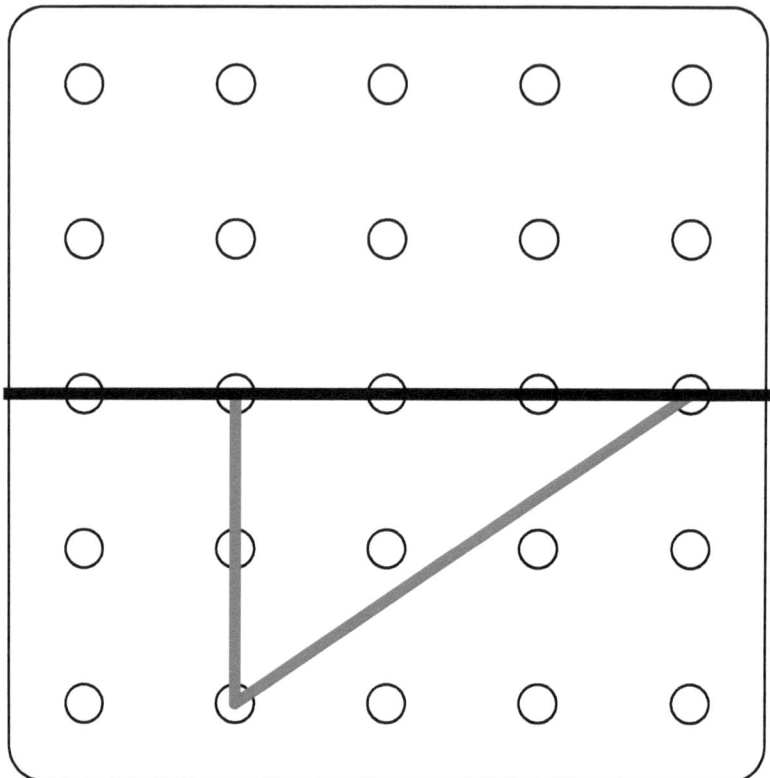

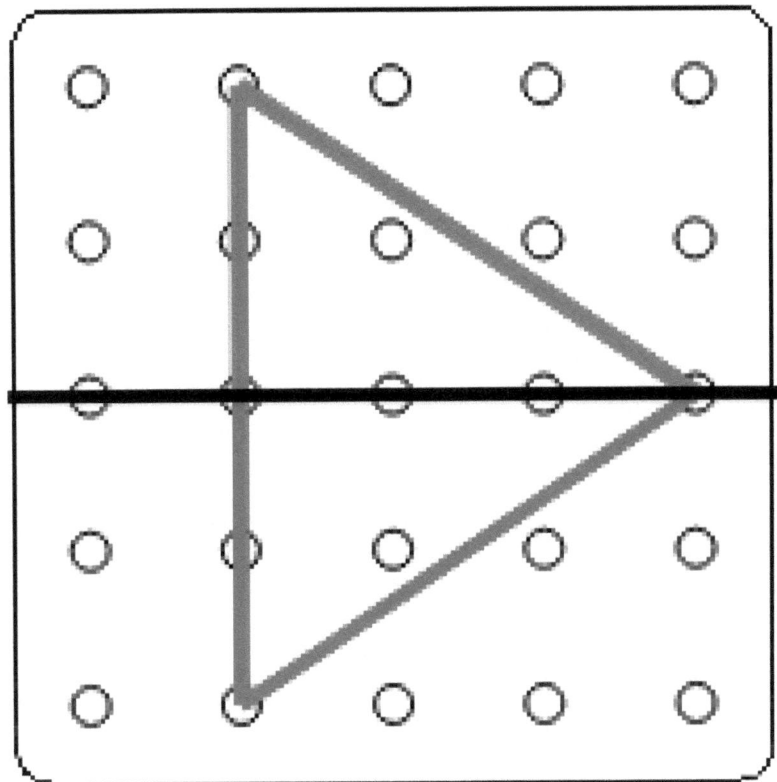

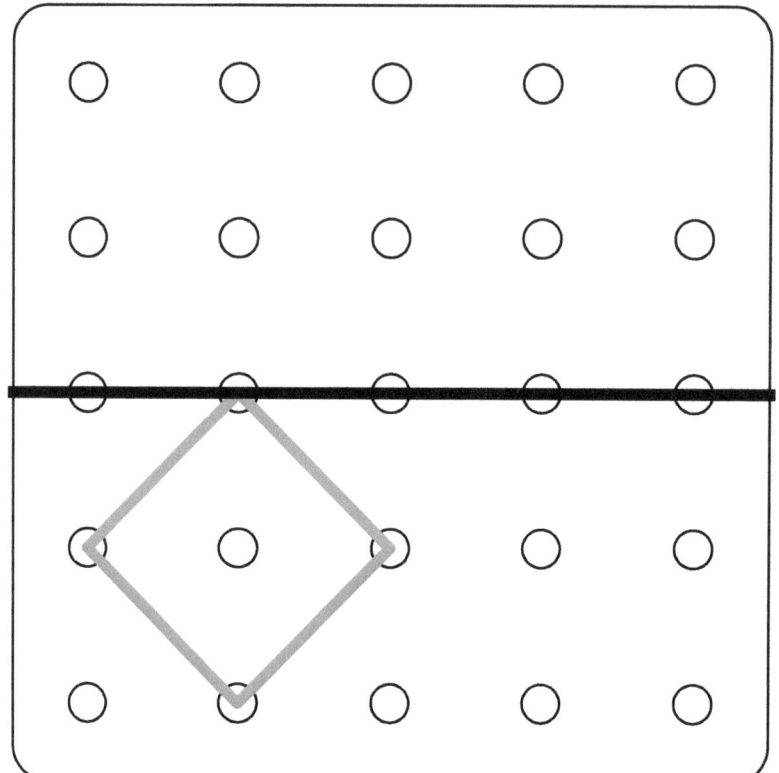

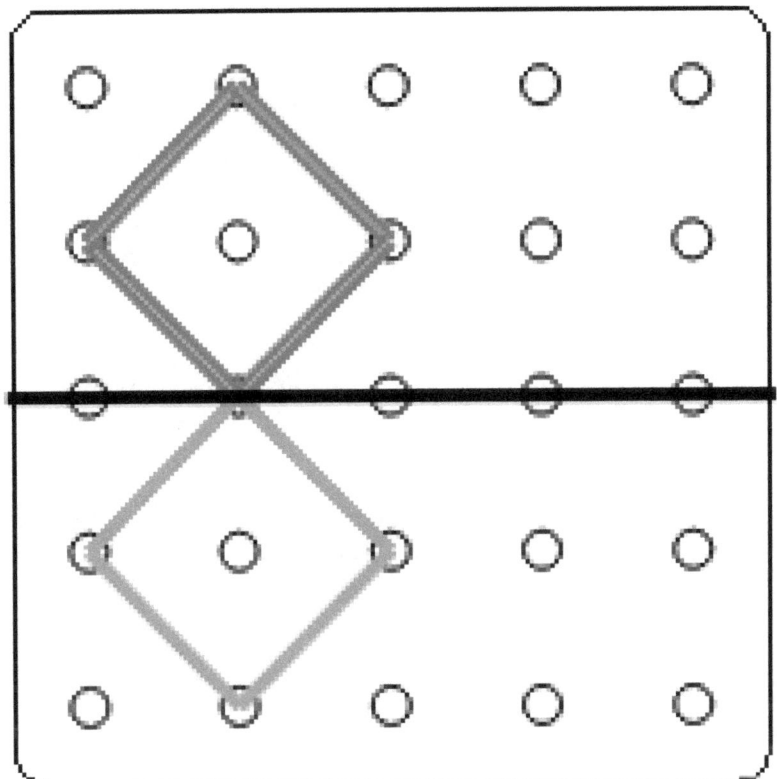

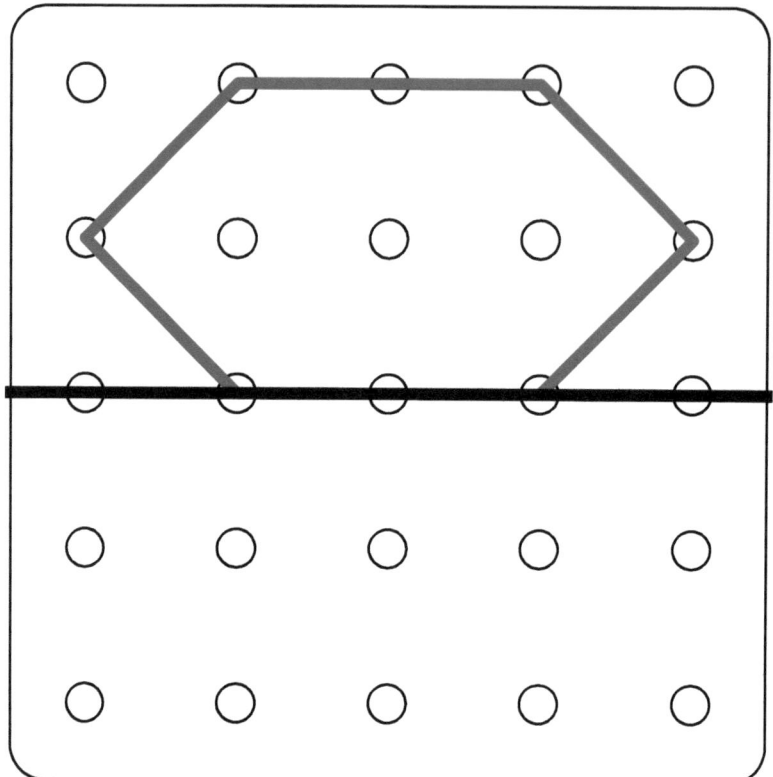

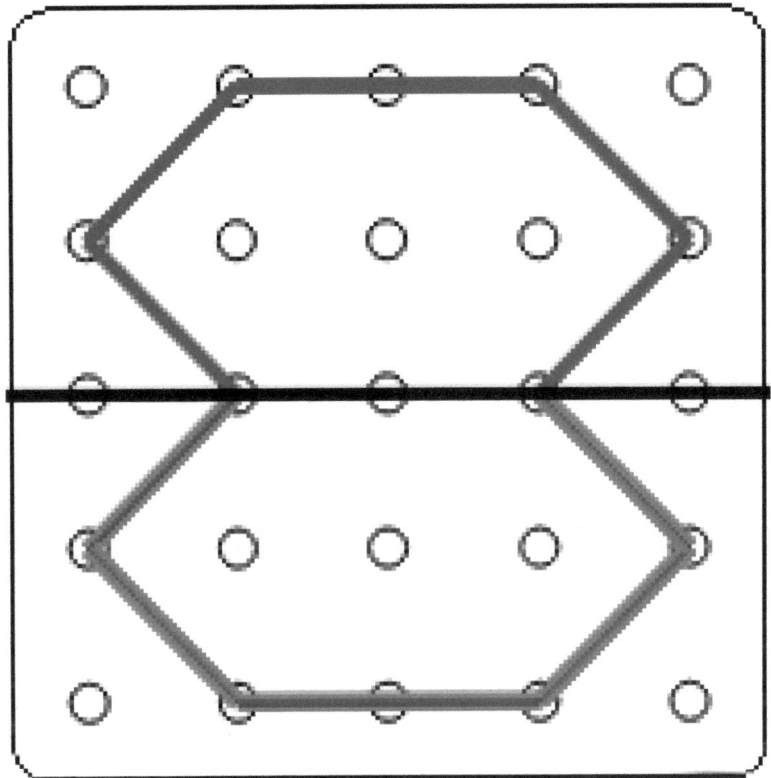

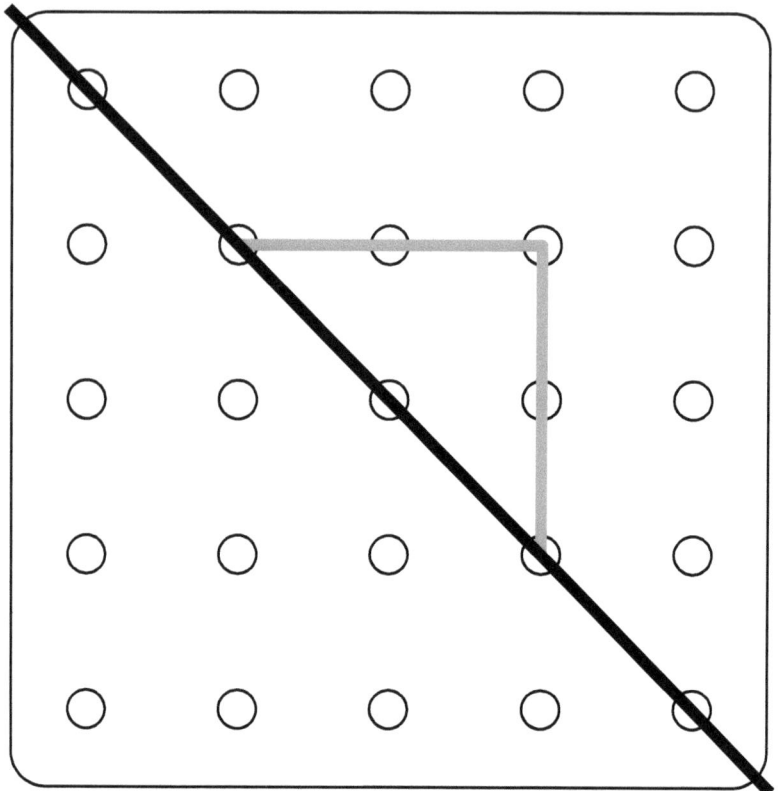

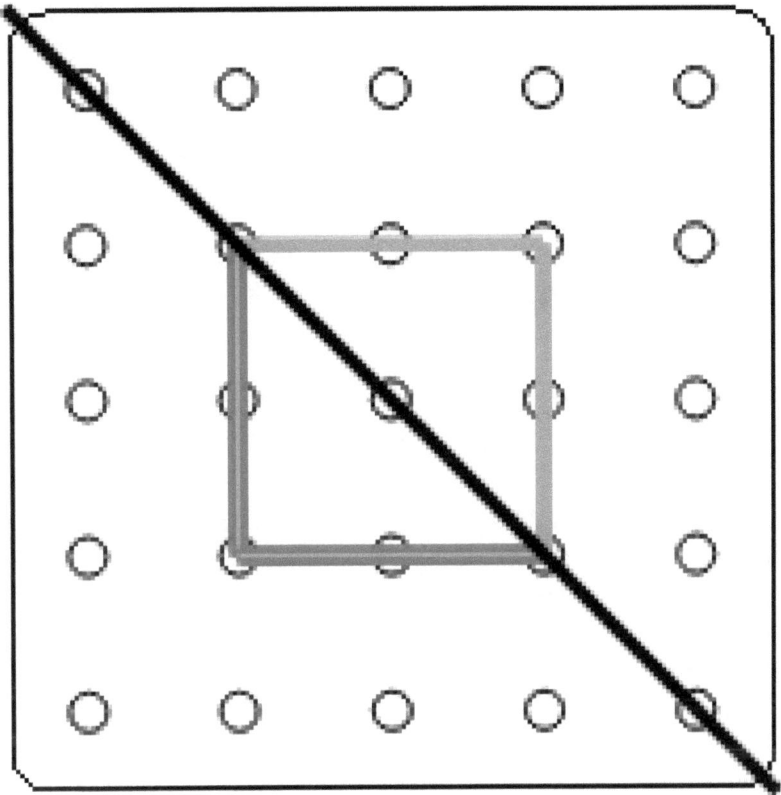

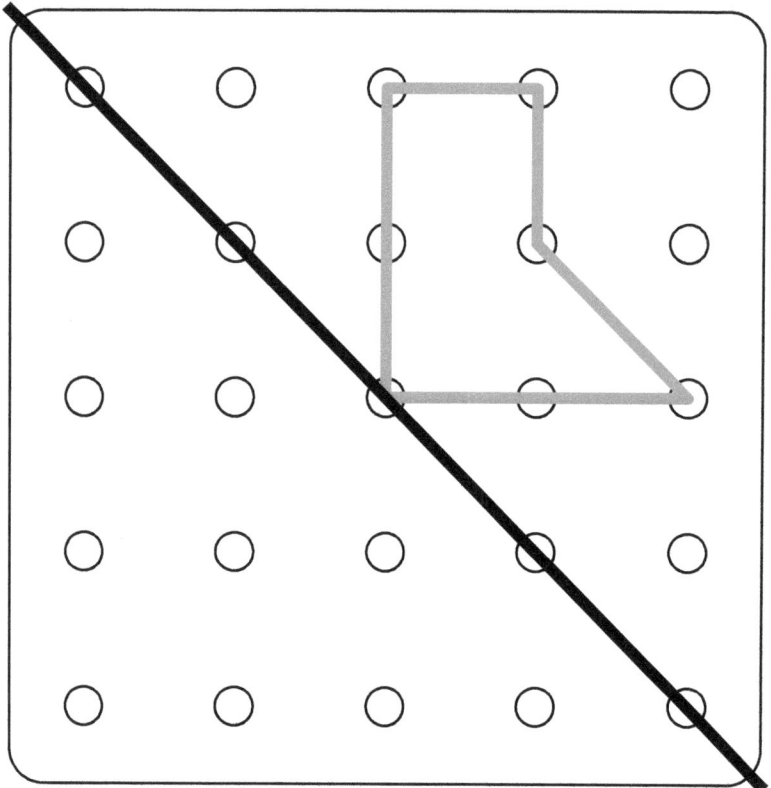

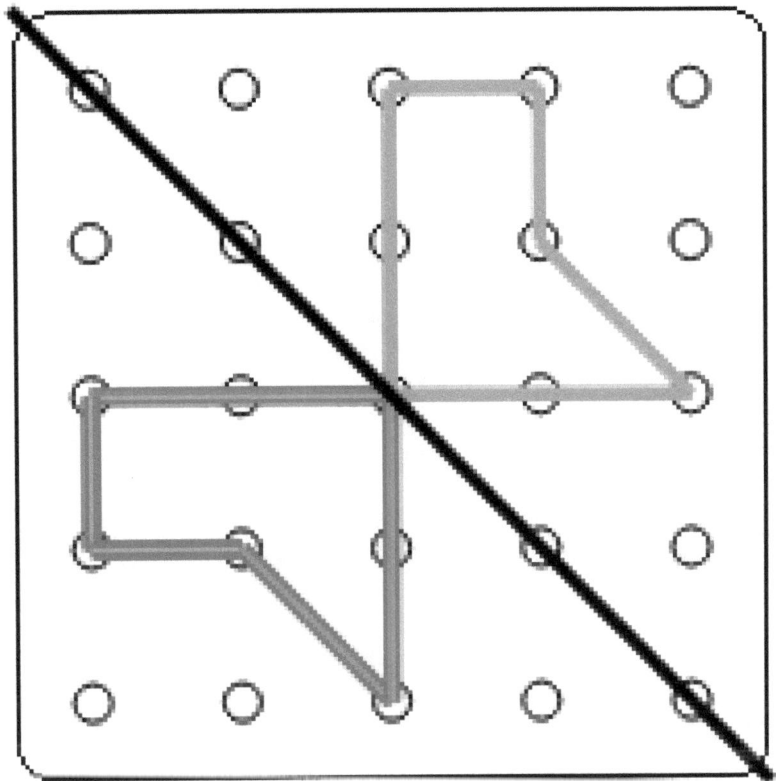

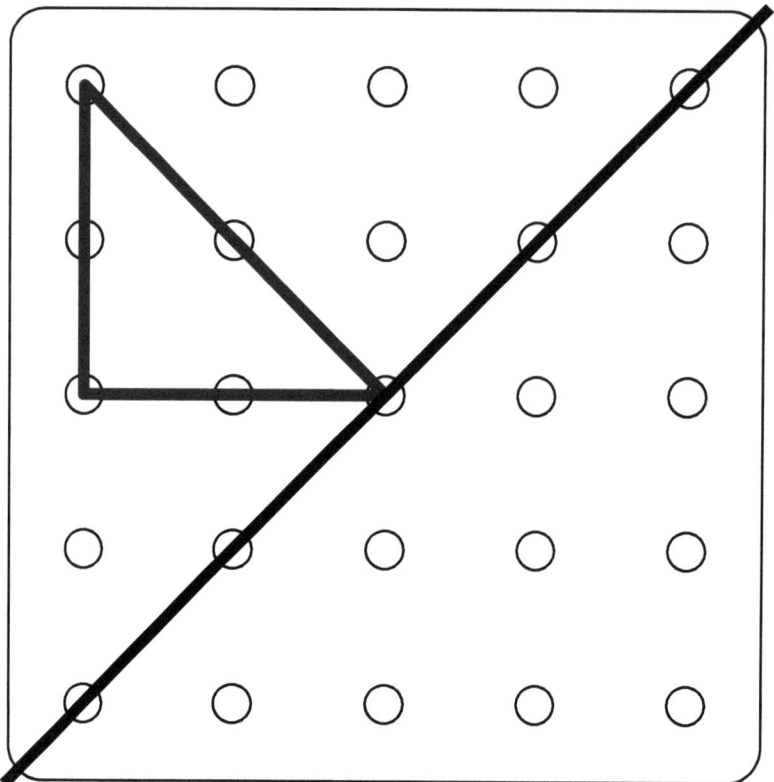

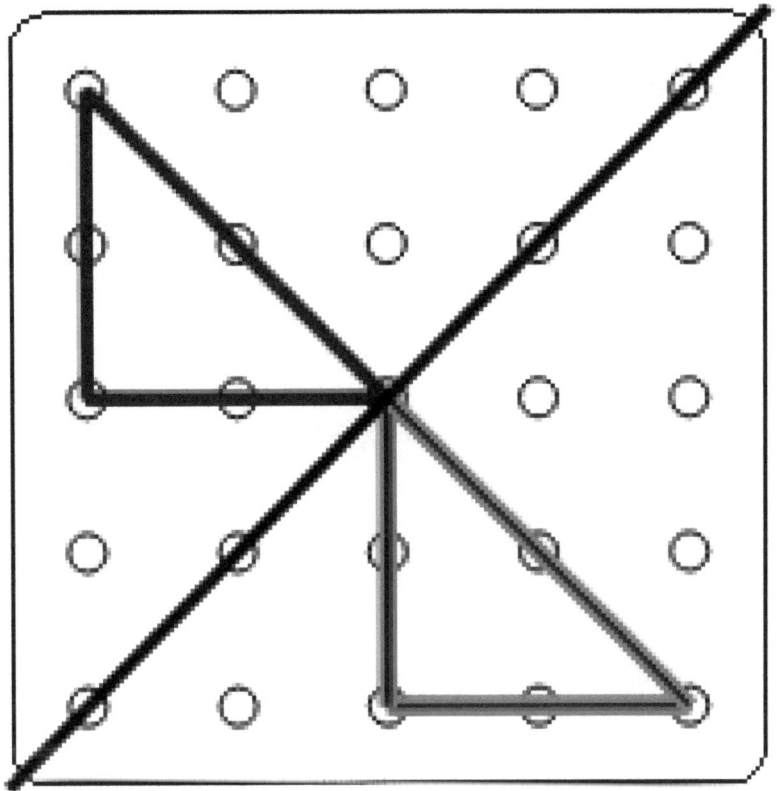

BEI GRIN MACHT SICH IHR WISSEN BEZAHLT